BEI GRIN MACHT SICH IHR WISSEN BEZAHLT

Michael Reichert

Wohnstandortwahl von Studenten in Bonn

GRIN Verlag

Bibliografische Information der Deutschen Nationalbibliothek:

Die Deutsche Bibliothek verzeichnet diese Publikation in der Deutschen National-
bibliografie; detaillierte bibliografische Daten sind im Internet über http://dnb.d-
nb.de/ abrufbar.

Impressum:

Copyright © 2009 GRIN Verlag GmbH
Druck und Bindung: Books on Demand GmbH, Norderstedt Germany
ISBN: 978-3-656-35472-7

Dieses Buch bei GRIN:

http://www.grin.com/de/e-book/208099/wohnstandortwahl-von-studenten-in-bonn

Seminar: Humangeographische Arbeitsweisen

Ausarbeitung von Michael Reichert
SoSe 2009

Wohnstandortwahl von Studenten in Bonn

Inhaltsverzeichnis

1. Einleitung

Die vorliegende Arbeit beschäftigt sich mit Wohnstandortentscheidungen von Studenten in Bonn. Hierbei sollen insbesondere die Motive der Wohnstandortwahl näher beleuchtet werden. Einerseits gilt es die Motive der Wohnstandortwahl von Studenten zu analysieren, andererseits aber auch die Unterschiede in den Motiven – je nachdem ob ein Wohnstandort im oder außerhalb des Zentrums gewählt wird – näher zu betrachten. Gegenstandsbereich der Untersuchung sind Studierende der Universität Bonn, die in den letzten vier Jahren innerhalb von Bonn umgezogen sind oder nach Bonn zugezogen sind.

Die Arbeit gliedert sich in sechs Abschnitte. Nach der thematischen Einführung in die Untersuchungsfrage soll zunächst mithilfe der Erkenntnisse der Wanderungsforschung, der theoretische Hintergrund dargestellt werden. Im weiteren Verlauf der quantitativen Arbeit werden die Hypothesen kurz dargestellt und die Begrifflichkeiten – Innenstadtbereich und Zentralität – näher definiert. In der folgenden methodischen Vorgehensweise, wird schließlich die Herangehensweise näher beschrieben. Im fünften Abschnitt, dem empirischen Teil werden dann die Ergebnisse der Auswertung der Fragebögen präsentiert, während im Fazit die Ergebnisse der Arbeit nochmals kurz zusammengefasst werden. Abgeschlossen wird die vorliegende Arbeit von einem Literaturverzeichnis.

2. Theoretischer Hintergrund

Bei der Wohnstandortentscheidung von Studenten darf als theoretischer Hintergrund ein Verweis auf die Ergebnisse der Wanderungsforschung nicht fehlen. Mikroanalytische Erklärungsansätze der Wanderungsforschung umfassen u.a. den Lebenszyklusansatz von Rossi, der als Klassiker für die Erklärung innerstädtischer Wanderungsprozesse gilt. „Wohnmobilität ist demnach ein Anpassungsprozess, in dem Haushalte ihre Wohnsituation den Bedürfnissen anpassen, die sich lebenszyklisch immer wieder verändern"[1]. Während eine allgemeine Mobilitätsbereitschaft nach Rossi weit verbreitet ist, kommt es jedoch erst zu konkreten Umzugsplänen, sobald ein bestimmter Schwellenwert überschritten wird. Somit lässt sich der Entscheidungsprozess in drei Phasen unterteilen. Während jedoch im Lebenszyklus-Ansatz der Haushalt im Vordergrund steht, fokussiert der Life-Course-Ansatz hingegen das Individuum. „Haushalt und Familie werden als

---

[1] FÖBKER 2008: 48

3

Verknüpfung verschiedener Lebensläufe verstanden"[2]. Somit führen parallel laufende partnerschaftliche und berufliche Karrieren zu veränderten Ansprüchen an Wohnung und Wohnumfeld. Der Lebenszyklus- und Lebenslaufansatz sind insbesondere in der Erklärung von Fortzugsgründen geeignet. Das Lebensstilkonzept gilt hier als Gegenentwurf zu Lebensphasenkonzepten; lebensstiltypische Bewertungsmuster führen – unabhängig von der Stellung im Lebenszyklus – zu veränderten Ansprüchen an Wohnung und Wohnumfeld. Parallel zu Lebensstileinflüssen ist jedoch unumstritten, dass es auch eine sehr große Bedeutung von lebensphasenspezifischen Merkmalen in Wanderungsprozessen gibt.

Das Phasenmodell intra-urbaner Migration von Brown und Moore (1970) knüpft an Rossis Idee der Gliederung der Umzugsentscheidung in Phasen und an die Idee eines Schwellenwertes an. Die Wohnstandortentscheidung nach Brown und Moore stellt einen zweistufigen Prozess dar. Während in der ersten Phase eine Entscheidung für oder gegen einen Fortzug vom jeweiligen Wohnort getroffen wird, wird in der zweiten Phase eine Standortentscheidung in Bezug auf einen neuen Wohnort getroffen. Ausgangspunkt für einen Auszugswunsch sind Abweichungen zwischen den Ansprüchen an eine Wohnung bzw. an das jeweilige Wohnumfeld und der Realität, d.h. der wahrgenommenen Wohnsituation. „Diese Diskrepanz kann durch haushaltsinterne (Wandel von Ansprüchen bzw. Möglichkeiten) oder haushaltsexterne (z.B. Verschlechterungen im Wohnumfeld, Mietsteigerungen) Veränderungen ausgelöst werden"[3]. Sobald die Unzufriedenheit einen Schwellenwert überschreitet, wird Stressreduktion notwendig, die auf mehreren alternativen Wegen erfolgen kann. Eine Option liegt hier im Wohnstandortwechsel. Insbesondere die verschiedenen Handlungsalternativen, die auch z.B. in der Anpassung der Ansprüche an die Wohnsituation münden kann, stellen einen Mehrwert des Modells dar. In einer zweiten Phase, der Wohnstandortsuche, entwickelt der Haushalt nun Bewertungskriterien bzw. ebenfalls Mindestanforderungen. Nach einer letzten Verfeinerung der Kriterien wird dann eine Entscheidung getroffen. „Die Suche kann mit der Wahl eines neuen Wohnstandortes enden oder aber in der Entscheidung für eine der anderen Handlungsalternativen am alten Wohnstandort münden."[4]

---

[2] FÖBKER 2008: 49
[3] FÖBKER 2008: 52
[4] FÖBKER 2008: 53

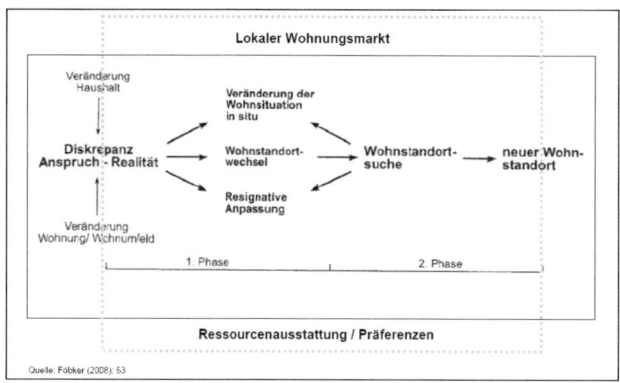

Quelle: Föbker (2008): 53

Abbildung 1: Phasen der Wanderungsentscheidung nach BROWN & MOORE

Als Einflussfaktoren auf Wanderungsentscheidung und Wohnstandortwahl lassen sich zwei Ebenen unterscheiden. Auf Individual- und Haushaltsebene spielen Ressourcen und Wohnpräferenzen eine wichtige Rolle, während die strukturelle Ebene durch die Wohnungsmarktlage und den Zugang zu Teilmärkten aufgrund von Gatekeepern gekennzeichnet werden kann. Die Wohnstandortwahl ist jedoch immer das Ergebnis des Zusammenspiels von Wohnpräferenzen und Restriktionen, die sich z.b. aus der Wohnungsmarktlage ergeben können.

3. Zwischenfazit mit Hypothesen

Der vorliegenden Arbeit liegen zwei Hypothesen zugrunde. „Wenn Studenten in den Bonner Innenstadtbereich ziehen, dann sind Aspekte der Zentralität die ausschlaggebenden Gründe" so die erste Hypothese. Die zweite Hypothese besagt: „Wenn Studenten nicht in den Bonner Innenstadtbereich ziehen, dann sind die Kosten des Wohnens der ausschlaggebende Grund".

Hierbei sollen die Begriffe Innenstadtbereich und Zentralität näher definiert werden. Der Innenstadtbereich lässt sich anhand der Nahversorgungsbereiche der Stadt Bonn – statistische Bezirke - besser erkennen. So wird die Abgrenzung durch den ersten Ring um das Bonner Zentrum gebildet. Zugehörig zum Innenstadtbereich sind somit neben Bonn-Zentrum, auch Bonn-Nord, Weststadt, Südstadt sowie das auf der rechten Rheinseite gelegene Zentrum Beuel.

5

Zentralität ist zwar in der Geographie ein häufig verwendeter Begriff, unter dem man die „Eigenschaft eines Standortes, Mittelpunkt eines Raumes zu sein"[5], versteht, doch Bedarf der Begriff einer weiteren Operationalisierung. Aspekte der Zentralität umfassen Motive im Zusammenhang mit der Lage und der Infrastrukturausstattung. Hierunter versteht man neben der Verkehrsanbindung, Freizeitangebot und Nahversorgungsmöglichkeiten auch die Nähe zur Innenstadt und – im Fall der Studenten – die Nähe zur Universität.

4. Methodische Vorgehensweise

Insbesondere beim Lesen der Textlektüre "Was ist Lebensqualität? Oder: Der ewige Methodenstreit"[6] wurde mir klar, dass ich mich wesentlich mehr den quantitativen Methoden verbunden fühle. Nicht nur geordnete überschaubare Datenmengen sind meines Erachtens vorteilhaft, sondern auch die Auswertung mittels mathematisch-statistischer Verfahren, wie z.B. SPSS. Im Hinblick auf die Thematik, d.h. die Wohnstandortwahl von Studenten, lassen sich meiner Meinung nach bessere Ergebnisse mit Hilfe der quantitativen Forschung erzielen, insbesondere unter Berücksichtigung der vorhandenen Ressourcen wie z.B. Zeit.

Zwischen dem 20. Mai und 10. Juni 2009 befragten elf Gruppen (mit jeweils zwei Personen) mit Hilfe eines zuvor gemeinsam erarbeiteten Fragebogens zehn Probanden. Als besondere Regieanweisung wurde vorher festgelegt, dass der Fragebogen – standardisiertes Interview - nicht mit den Probanden durchgesprochen werden sollte, sondern dass er den Probanden lediglich vorgelegt werden sollte. Ort – zum Beispiel Institute, Mensen und Hofgartenwiese, etc. - und Zeit konnten innerhalb des gegeben Rahmens frei eingeteilt werden. Jedoch musste berücksichtigt werden, dass fünf Studierende hierbei im Innenbereich und fünf im Außenbereich wohnen sollten. Da keine Kenntnisse über die Elemente der Grundgesamtheit - bezüglich Anzahl und Struktur – vorhanden waren, fiel die Entscheidung somit auf eine bewusste Auswahl der Stichprobe.

Im quantitativen Forschungsprozess wurden zunächst die untersuchungsleitenden Hypothesen festgelegt und im zweiten Schritt fortan operationalisiert – siehe hierzu auch den vorhergehenden Abschnitt. Weiterhin wurde die Untersuchungseinheit festgelegt. So sind nur Studenten der Universität Bonn, die in den letzten vier Jahren

---

[5] LESER 1998: 1016
[6] FREIS & JOOP 1999

innerhalb von Bonn umgezogen sind oder nach Bonn zugezogen sind, Gegenstand der Untersuchung. Mittels dreier Auswahlfragen bei Ansprache der Person konnte so geklärt werden, ob die jeweilige Person für unseren Fragebogen in Frage kommt. Die Stichprobe umfasst insgesamt 124 Personen. Mittels des Statistikprogramms SPSS sollte anschließend die Auswertung stattfinden. Hierbei war allerdings zu beachten, dass hierfür zuvor der gesamte Fragebogen kodiert werden musste. Nach der Eingabe der einzelnen Gruppendatensätze in SPSS, steht nun ein gemeinsamer Datensatz in SPSS zur Auswertung bereit.

Im Hinblick auf die Repräsentativität der Stichprobe sind sicherlich einige kritische Gedanken zu äußern. So ist eine Stichprobe nur repräsentativ, wenn die Auswahl der Elemente der Grundgesamtheit auf einen Zufallsprozess basiert, also jedes Element die gleiche Chance hat, in die Stichprobe zu gelangen. Da aber im vorliegenden Fall eine bewusste Auswahl stattgefunden hat, ist diese Repräsentativität nicht gegeben. Andererseits muss jedoch bedacht werden, dass keine genaueren Kenntnisse über die Grundgesamtheit – über Anzahl und Struktur - vorlagen und somit andere Formen der Stichprobenziehung nicht möglich waren. Weiterhin ist aber ebenfalls zu bedenken, dass lediglich 124 Personen, davon mehr als die Hälfte der Studenten der Mathematisch-Naturwissenschaftlichen Fakultät, per Fragebogen befragt worden sind. Ohne die genaue Anzahl der Studenten zu kennen, die unserem Anforderungsprofil gerecht werden zu kennen, so darf doch behauptet werden, dass der Umfang der Stichprobe sehr klein, und somit kaum repräsentativ ist.

5. Empirischer Teil

Zunächst soll die Stichprobenzusammensetzung näher beschrieben werden. Anhand der statistischen Fragen am Ende des Fragebogens können hier Erkenntnisse über die Zusammensetzung unserer Stichprobe gewonnen werden.

Insgesamt haben 124 Befragte einen Fragebogen ausgefüllt; die Geschlechtszusammensetzung ist hierbei sehr ausgeglichen. 63 Befragte (51%) waren weiblich, 61 Befragte (49%) männlich.

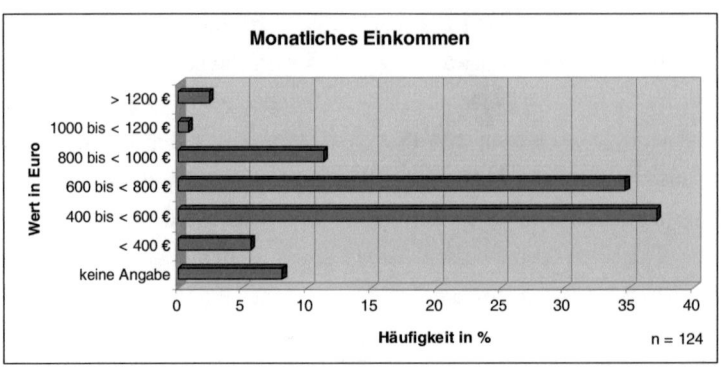

Abbildung 2: Monatliches Einkommen (Quelle: Eigene Erhebung, Wohnstandortwahl von Studenten 2009)

Zum monatlich zur Verfügung stehenden Einkommen wollten zehn Befragte (8,1%) keine Angabe machen. Weniger als 400 Euro steht sieben Befragten (5,6%) monatlich zur Verfügung, während der Großteil der Befragten Einkommen zwischen 400 bis unter 600 Euro (46 Befragte, 37,1%) sowie zwischen 600 und unter 800 Euro (43 Befragte, 34,7%) aufweisen konnten. Der Einkommensgruppe 800 bis unter 1000 Euro konnten sich 14 Befragte (11,3%) zuordnen. Nur geringe Häufigkeiten können im Einkommensbereich über 1000 Euro festgestellt werden. Lediglich ein Befragter weist ein Einkommen zwischen 1000 und unter 1200 auf (0,8%); drei weitere Befragte haben Einkommen von über 1200 Euro (2,4%).

Die Zusammensetzung der Stichprobe nach Fakultätszugehörigkeit offeriert ein klares Bild. 69 Befragte (55,6%) sind an der Mathematisch-Naturwissenschaftlichen Fakultät eingeschrieben, es folgen die Philosophische Fakultät mit 18 Befragten (14,5%), die Landwirtschaftliche Fakultät mit 15 Befragten (12,1%), die Rechts- und Staatswissenschaftliche Fakultät mit zwölf Befragten (9,7%) sowie die Medizinische Fakultät (5 Befragte, 4%) und die Theologischen Fakultäten (3 Befragte, 2,4%). Das Ergebnis ist jedoch nicht allzu überraschend, da anscheinend viele Kursteilnehmer Kommilitonen der gleichen Fakultät, also ebenfalls der Mathematisch-Naturwissenschaftlichen Fakultät, gefragt haben.

Auf die Frage nach der aktuellen Semesterzahl weist die Stichprobe folgende Zusammensetzung auf: 1. bis 2. Semester 25 Befragte (20,3%), 3. bis 4. Semester 47 Befragte (38,2%), 5. bis 6. Semester 22 Befragte (17,9%), 7. bis 8. Semester 15 Befragte (12,2%), 9. bis 10. Semester neun Befragte (7,3%), 11. bis 12. Semester drei Befragte (2,4%) sowie 13. bis 14. Semester zwei Befragte (1,6%). Dies entspricht einem Mittelwert von 5,1, während Median und Modus bei 4 liegen.

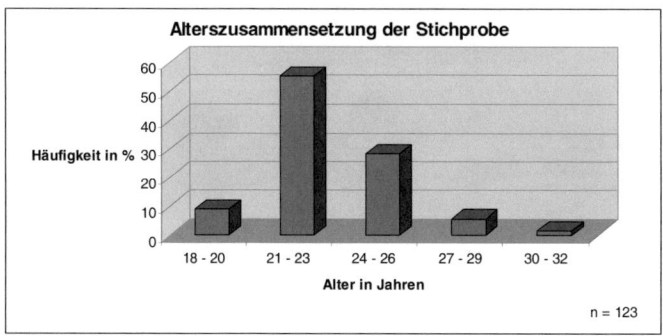

Abbildung 3: Alterszusammensetzung der STP (Quelle: Eigene Erhebung, Wohnstandortwahl von Studenten 2009)

Die Zusammensetzung der Stichprobe nach Alter in Jahren ist in obiger Grafik zu erkennen. Elf Befragte (8,9%) waren zwischen 18 und 20 Jahren, 68 Befragte (55,3%) zwischen 21 und 23 Jahren, 35 Befragte zwischen 24 und 26 Jahren (28,5%), sieben Befragte (5,7%) zwischen 27 und 29 Jahren sowie zwei Befragte (1,6%) zwischen 30 und 32 Jahren. Dies entspricht einem Mittelwert von 23,05 Jahren.

Bezüglich der Umzugshäufigkeit haben 37 Befragte (29,8%) noch keine Erfahrung, da sie während ihres Studiums – während der letzten vier Jahre - in Bonn noch nicht umgezogen sind. Fast die Hälfte der Befragten (57 Befragte, 46%) sind bereits einmal umgezogen, während 21 Befragte (17%) zweimal, sieben Befragte (5,6%) dreimal und zwei Befragte (1,6%) gar viermal umgezogen sind.

Auf die Frage nach dem aktuellen Wohnort antworteten 71 Befragte (57,3%), das sie im Innenstadtbereich wohnen, der Rest, d.h. 53 Befragte (42,7%) wohnte außerhalb des Innenstadtbereichs. Die genauere räumliche Verteilung lässt folgende Grafik erkennen:

9

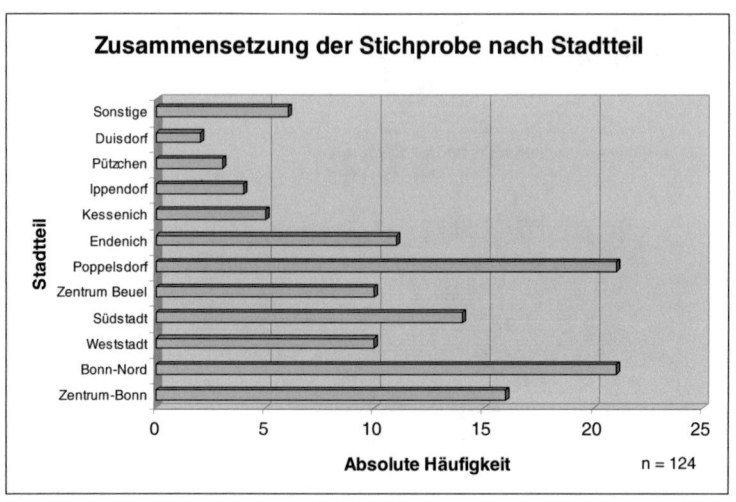

Abbildung 4: Verteilung nach Stadtteil (Quelle: Eigene Erhebung, Wohnstandortwahl von Studenten 2009)

Das Balkendiagramm zeigt die absoluten Häufigkeiten der Befragten nach heutigem Stadtteil. Rote Säulen stehen zudem für den Innenstadtbereich, blaue Balken für außerhalb des Innenstadtbereichs. Auffällig ist, dass fast 40% (21 Befragte) der außerhalb des Innenstadtbereichs wohnenden im Stadtteil Poppelsdorf leben. Weiterhin wohnen fast 20% der Befragten des "Außenbereichs" im Stadtteil Endenich. Angemerkt werden soll, das beide Stadtteile durch ihre Nähe zur Universität – hier insbesondere auch die Nähe zur Mathematisch Naturwissenschaftlichen Fakultät - bzw. ebenfalls Nähe zur Bonner Innenstadt gekennzeichnet sind.

Im folgenden Verlauf soll nun die Wohnsituation näher analysiert werden. Auf die Frage der Wohnform antworteten 63 (50,8%) der 124 Befragten, das sie in einer Wohngemeinschaft (privat) leben. 35 Befragte (28,2%) wohnen in einer privaten Wohnung, 23 Befragte (18,5) in einem öffentlichen Studentenwohnheim. Für sonstige Wohnformen haben sich drei Befragte (2,4%) entschieden. Die Ergebnisse werden in folgender Grafik nochmals dargestellt:

10

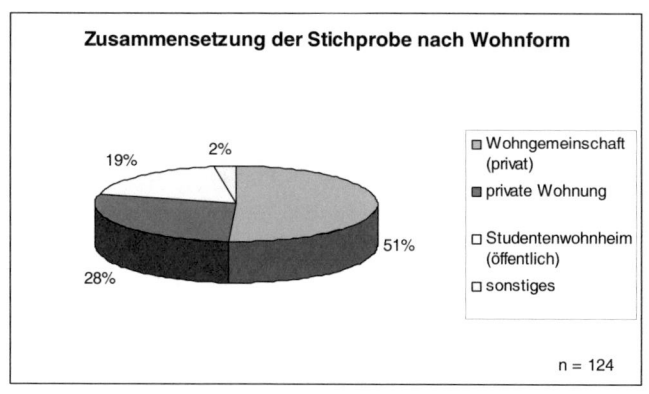

Abbildung 5: Zusammensetzung nach Wohnform (Quelle: Eigene Erhebung, Wohnstandortwahl von Studenten 2009)

Auf die Frage, mit welchen Personen die Befragten derzeit zusammenleben, antworteten 57,6% der Fragebogenteilnehmer, dass sie mit Bekannten bzw. Freunden zusammenwohnen. Über ein Viertel der Befragten (26,4%) lebt hingegen alleine, während 9,6% der Befragten mit ihrer Ehe-/Lebenspartner/in zusammenleben.

Bezüglich der zur Verfügung stehenden Wohnfläche zeigt sich eine relativ große Spannweite von 61 m². Der Mittelwert der Pro-Kopf-Wohnfläche beträgt hier 23,57m²; Median und Modus liegen jeweils bei 20 m². Bei der Zahl der Personen im Haushalt lassen sich wiederum die sehr verschiedenen Wohnformen der Befragten ablesen:

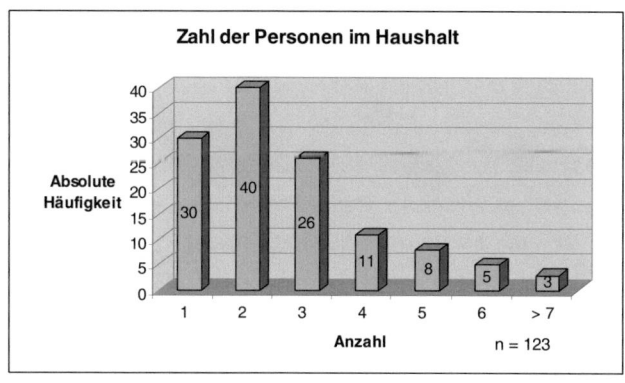

Abbildung 6: Zahl der Personen im Haushalt (Quelle: Eigene Erhebung, Wohnstandortwahl von Studenten 2009)

Das obige Säulendiagramm zeigt, dass fast ein Viertel der Befragten (24,2%, 30 Befragte) alleine leben. 40 Befragte (32,3%) leben in 2-Personen-Haushalten, 26 Befragte (21,1%) 3-Personen-Haushalten. Die restlichen 22% verteilen sich auf Haushalte mit mehr als drei Personen.

Bezüglich der anteiligen Warmmiete zeigt sich wiederum eine sehr große Spannweite von 690 Euro. Während der Mittelwert (285 Euro) und der Median (280 Euro) liegen, liegt der Modus hingegen bei 200 Euro.

Insgesamt 58,1% der befragten Personen verfügen über einen Balkon bzw. eine Terrasse; 30,6% der Haushalte auch über einen eigenen Garten.

Nach der Ausstattung soll nun die Wohnzufriedenheit der Fragebogenteilnehmer näher betrachtet werden. Auf die Frage nach der Zufriedenheit mit der jetzigen Wohnung/ Zimmer antworteten über 80% (83,1%, 59 Teilnehmer) der Probanden, die in der Innenstadt wohnen, mit „gut" bis „sehr gut". Außerhalb des Innenstadtbereichs lag der Anteil hier bei knapp über 70% (71,7%, 38 Befragte). Bezüglich der Zufriedenheit mit dem jetzigen Stadtteil sind die Werte im Innenstadtbereich (80,3% antworteten „gut" bis „sehr gut") sowie im Außenbereich (71,7%) sehr ähnlich - wie in der vorherigen Fragestellung - verteilt. Die Verkehrsanbindung beurteilen wiederum die Innenstadtbewohner deutlich besser als die Bewohner des Nicht-Innenstadtbereichs der Stichprobe. Während 60 Befragte (84,5%) der Teilnehmer aus der Innenstadt die Verkehrsanbindung als „gut" bis „sehr gut" bezeichnen, sind es bei den Bewohnern im Außenbereich "lediglich" 39 Bewohner (73,6%). Bezüglich der Versorgungsmöglichkeiten sind die Werte für den Innenstadt und Nicht-Innenstadtbereich bei der Bewertung „gut" bis „sehr gut" annähernd gleich. Auffällig ist jedoch, dass 28 Befragte (39,4%) den die Versorgung im Innenstadtbereich als „sehr gut" bezeichnen, während dies im Außenbereich nur 12 Fragebogenteilnehmer (22,6%). Bei näherer Betrachtung der Zufriedenheit bezüglich des Freizeitangebotes ergibt sich zwischen den zwei verschiedenen Raumeinheiten ein sehr heterogenes Bild. Die Zufriedenheit ist hier im Innenstadtbereich wesentlich höher (62% antworteten mit „gut" bis „sehr gut") als im Außenbereich (28,3%). Bei der Zufriedenheit mit der Nähe zur Universität schneidet wiederum die Innenstadt in der Bewertung der Bewohner besser ab, als das bei der Bewertung der Teilnehmer des Außenbereichs der Fall ist. 87,3% der Innenstadtbewohner beurteilen die Nähe zur Uni als „gut" bis „sehr gut", im Außenbereich liegt der Anteil hier bei 79,2%. Die Nähe zur City, dies ergibt sich bereits aus beiden Betrachtungsgruppen wird ebenfalls bei den Bewohnern, die in der Innenstadt wohnen, erwartungsgemäß besser eingeschätzt als bei den Fragebogenteilnehmern aus dem Außenbereich. Zuletzt wurde die Zufriedenheit mit dem letzten Wohnort/Stadtteil erfragt. Ebenfalls zeigen die Auswertungsdaten, dass die Innenstadtbewohner wiederum eine höhere Zufriedenheit mit dem letzten Wohnort/Stadtteil hatten. Insgesamt bleibt im Bereich der Zufriedenheit festzuhalten, dass hier die Innenstadt höhere Zufriedenheitswerte als die Nicht-Innenstadt vorweisen kann.

Im folgenden Abschnitt soll nun eine Analyse der Bewertung der Motive der Wohnstandortwahl stattfinden. Durch Kreuztabellen mit Berechnung des Chi^2-Koeffizienten lässt sich hier erkennen, ob überhaupt ein Zusammenhang zwischen Variablen vorliegt bzw. im folgenden Verlauf, wie stark der Zusammenhang ist.

Zunächst sollen die Gründe der Lage näher fokussiert werden. Bezüglich der Nähe zur Universität finden über 80% der Befragten (84,5%) aus der Innenstadt diese „bedeutend" bis „sehr bedeutend". Außerhalb des Innenstadtbereichs liegt der Wert hier bei 81,1%. Der Chi^2-Test bestätigt obige Daten: Die Irrtumswahrscheinlichkeit mit der die Null-Hypothese abgelehnt werden kann liegt bei 53,6%. Somit besteht kein Zusammenhang. Das Korrelationsmaß beträgt 0,157, hier liegt also ein ganz schwacher – jedoch nicht signifikanter – Zusammenhang vor.

Ein weiteres wichtiges Zentralitätsmaß zeigt die Nähe zur City an. Während 84,5% der Befragten der Innenstadt diese als „bedeutend" bis „sehr bedeutend" für ihre Wohnstandortentscheidung sehen, liegt der Vergleichswert außerhalb des Innenstadtbereichs bei "lediglich" 67,9%. Die Betrachtung des Chi^2-Tests zeigt, das eine Irrtumswahrscheinlichkeit von 18,2% vorliegt. Da die Irrtumswahrscheinlichkeit jedoch höchstens bei 10% liegen darf, muss auch hier die Null-Hypothese beibehalten werden. Auch hier liegt somit kein Zusammenhang vor. Das Korrelationsmaß beträgt 0,219, wiederum ein schwacher – nicht signifikanter – Zusammenhang vor.

Bei den wohnungsbezogenen Gründen wurde u.a. nach einer angemessenen Wohnfläche gefragt. Im Innenstadtbereich finden 80,3% diese Aussage „bedeutend" bis „sehr bedeutend" für ihre Wohnstandortentscheidung. Der Vergleichswert im Außenbereich liegt hier bei nur 62,3%. Dennoch zeigt der Chi^2-Test, dass die Irrtumswahrscheinlichkeit zu hoch ist (16,9%) um die Null-Hypothese zu verwerfen.

Das Korrelationsmaß liegt bei 0,222, was einem schwachen – nicht signifikantem – Zusammenhang entspricht.

Zuletzt sollen auch die Kosten näher betrachtet werden. Wiederum besteht kein signifikanter Zusammenhang zwischen der Wohnstandortentscheidung und der Variable. Bei einer Irrtumswahrscheinlichkeit von 63% gilt die Null-Hypothese. Das Korrelationsmaß beträgt 0,143 – hier liegt ebenfalls ein ganz schwacher aber nicht signifikanter Zusammenhang vor.

Bei den Gründen in der Infrastruktur bzw. deren Bewertung durch die Bewohner aus dem Innen- und Außenbereich liegen ebenfalls keine statistisch signifikanten Zusammenhänge vor.

Interessant werden die Unterschiede in den Bewertungen zwischen den Bewohnern der Innenstadt und des Außenbereichs bei der Frage nach den drei wichtigsten Aspekten der Wohnstandortentscheidung. Exemplarisch sollen die Ergebnisse für den ersten Aspekt dargestellt werden:

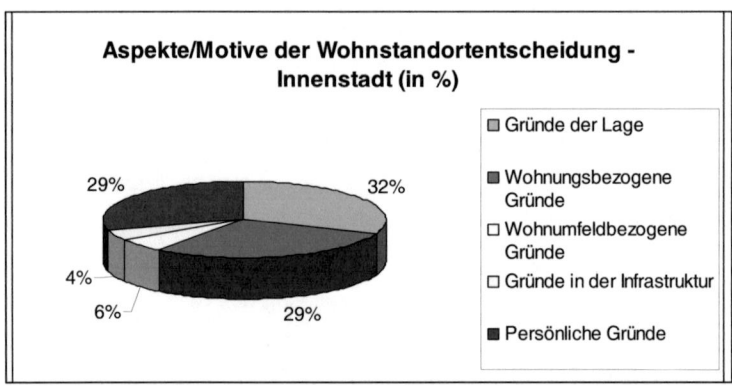

Abbildung 7: Motive der Standortwahl (Quelle: Eigene Erhebung, Wohnstandortwahl von Studenten 2009)

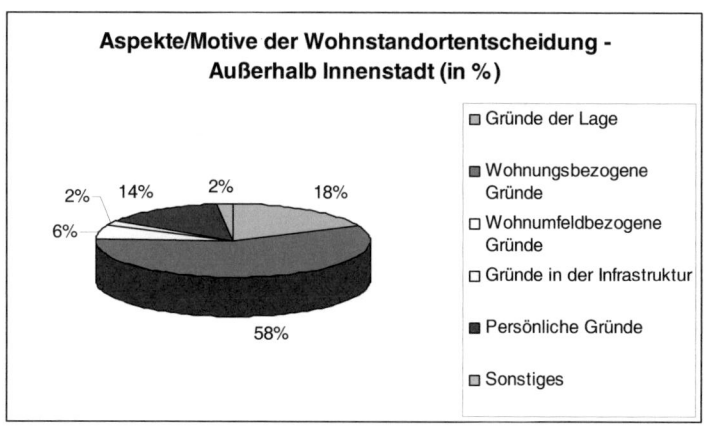

Aspekte/Motive der Wohnstandortentscheidung - Außerhalb Innenstadt (in %)

- □ Gründe der Lage
- ▣ Wohnungsbezogene Gründe
- □ Wohnumfeldbezogene Gründe
- □ Gründe in der Infrastruktur
- ■ Persönliche Gründe
- □ Sonstiges

2% 14% 2% 18%
6%
58%

Abbildung 8: Motive der Standortwahl II (Quelle: Eigene Erhebung, Wohnstandortwahl von Studenten 2009)

Die obigen Abbildungen zeigen, dass für die Bewohner der Innenstadt die Lage eine größere Bedeutung für die Wohnstandortwahl gehabt hat, als für die Bewohner des Außenbereichs. Umgekehrt verhält es sich bei wohnungsbezogenen Aspekten. Hierunter zählen vor allem auch die Kosten. Diese waren insbesondere bei Bewohnern des Außenbereichs ein wichtiges Kriterium bei der Wohnstandortwahl. Wohnumfeldbezogene Gründe werden hingegen von beiden Gruppen als wenig bedeutend für die Wohnstandortwahl angesehen, ebenso wie Gründe in der Infrastruktur. Überraschend ist hingegen, dass beide Gruppen – insbesondere bei den Bewohnern in der Innenstadt – anscheinend eine relativ große Bedeutung für die Wohnstandortentscheidung gespielt haben.

6. Fazit

Die Ergebnisse des empirischen Teils ergeben meiner Meinung nach kein klares Bild. Während sämtliche Kreuztabellen sowie zugehörige Statistiken nur sehr schwache – nicht signifikante - Zusammenhänge zwischen der Wohnstandortwahl und den Motiven offenbaren, zeigen die letzten beiden Kreisdiagramme, dass es sehr wohl große Unterschiede bei der Wohnstandortentscheidung bzw. deren Motive gibt. Anscheinend ist für die Bewohner der Innenstadt die Lage – insbesondere die Nähe zur Universität – wichtiger als der Preis bzw. die Kosten der Wohnung. Im Außenbereich hingegen, sind die Kosten der dominierende Faktor (44,3%). Die Lage wird hingegen als weniger wichtig betrachtet (18,3%). Interessant ist jedoch auch der

Befund, dass die tatsächlichen Mietkosten im Innen- und Außenbereich bei ca. 10 Euro/m² in etwa gleich sind.

Insgesamt können demzufolge die beiden Hypothesen nicht verworfen werden, jedoch bedürfen sie einer deutlich größeren Stichprobe, damit obige Befunde auch repräsentativ werden.

7. Literaturverzeichnis

FÖBKER (2008): Wanderungsdynamik in einer schrumpfenden Stadt – Eine qualitative Untersuchung innerstädtischer Umzüge. In: Stadtzukünfte 5.

LESER (1998): Diercke – Wörterbuch allgemeine Geographie. Westermann Verlag. Braunschweig.